Jiulliano de Sousa Costa

Análise química da água e sua relação com a saúde

Jiulliano de Sousa Costa

Análise química da água e sua relação com a saúde

Qualidade da água na região metropolitana de Goiânia - GO

Novas Edições Acadêmicas

Impressum / Impressão

Bibliografische Information der Deutschen Nationalbibliothek: Die Deutsche Nationalbibliothek verzeichnet diese Publikation in der Deutschen Nationalbibliografie; detaillierte bibliografische Daten sind im Internet über http://dnb.d-nb.de abrufbar.

Alle in diesem Buch genannten Marken und Produktnamen unterliegen warenzeichen-, marken- oder patentrechtlichem Schutz bzw. sind Warenzeichen oder eingetragene Warenzeichen der jeweiligen Inhaber. Die Wiedergabe von Marken, Produktnamen, Gebrauchsnamen, Handelsnamen, Warenbezeichnungen u.s.w. in diesem Werk berechtigt auch ohne besondere Kennzeichnung nicht zu der Annahme, dass solche Namen im Sinne der Warenzeichen- und Markenschutzgesetzgebung als frei zu betrachten wären und daher von jedermann benutzt werden dürften.

Informação biográfica publicada por Deutsche Nationalbibliothek: Nationalbibliothek numera essa publicação em Deutsche Nationalbibliografie; dados biográficos detalhados estão disponíveis na Internet: http://dnb.d-nb.de.

Os outros nomes de marcas e produtos citados neste livro estão sujeitos à marca registrada ou a proteção de patentes e são marcas comerciais registradas dos seus respectivos proprietários. O uso dos nomes de marcas, nome de produto, nomes comuns, nome comerciais, descrições de produtos, etc. Inclusive sem uma marca particular nestas publicações, de forma alguma deve interpretar-se no sentido de que estes nomes possam ser considerados ilimitados em matérias de marcas e legislação de proteção de marcas e, portanto, ser utilizadas por qualquer pessoa.

Coverbild / Imagem da capa: www.ingimage.com

Verlag / Editora:
Novas Edições Acadêmicas
ist ein Imprint der / é uma marca de
OmniScriptum GmbH & Co. KG
Heinrich-Böcking-Str. 6-8, 66121 Saarbrücken, Deutschland / Niemcy
Email / Correio eletrônico: info@nea-edicoes.com

Herstellung: siehe letzte Seite /
Publicado: veja a última página
ISBN: 978-3-639-61303-2

ANÁLISE QUÍMICA DA ÁGUA NAS ESTAÇÕES DE TRATAMENTO DA REGIÃO METROPOLITANA DE GOIÂNIA-GO E SUA RELAÇÃO COM A SAÚDE

Jiulliano de Sousa Costa

Goiânia-GO
março de 2014

RESUMO

A água é responsável pelo transporte dos minerais na fisiologia dos seres vivos, o que torna a saúde do homem depende da potabilidade da água. Como parte do trabalho realizado pela Companhia de Pesquisas dos Recursos Minerais (CPRM) nas Estações de Tratamento de Água do Estado de Goiás, analisou-se as amostras referentes a 11 (onze) municípios da região metropolitana de Goiânia, com o objetivo de verificar os parâmetros físico-químicos e a composição multielementar da água (método ICP-OES e Cromatografia) onde os resultados foram comparados com os padrões brasileiros e internacionais de qualidade da água, relacionando os resultados com possíveis problemas de saúde que podem ser provocados pelo excesso ou carência de alguns elementos químicos presentes no organismo dos seres vivos. Foram identificadas alterações ambientais significativas no município de Goianira.

Palavras-chave: Qualidade da água, Problemas de saúde, Alterações ambientais.

ABSTRACT

Water is responsible for the transport of minerals in the physiology of living beings, which makes human health depends on drinking water. As part of the work done by the Society of Research on Minerals Resources (Companhia de Pesquisas dos Recursos Naturais -CPRM) in Water Treatment Plants in the State of Goiás, we analyzed the samples relating to eleven (11) municipalities of the metropolitan region of Goiania, in order to verify the physico-chemical parameters and composition multielement of the water (ICP-OES method and chromatography) where the results were compared with Brazilian and international standards of water quality, comparing the results with possible health problems that may be caused by excess or deficiency of some chemical elements present in the body of living beings. We have identified significant environmental changes in Goianira.

Keywords: Water Quality, Health Issues, Environmental Changes.

SUMÁRIO

LISTA DE TABELAS

LISTA DE FIGURAS

LISTA DE ABREVIATURAS

CONAMA	Conselho Nacional do Meio Ambiente
CPRM	Companhia de Pesquisas dos Recursos Naturais
ETA	Estações de Tratamento de Água
EPA	Agência de Proteção Ambiental dos EUA
GMPS	Geosoft Mapping and Processing System
GPS	Sistema de Posicionamento georreferenciado
ICP-OES	Inductively Coupled Plasma Optical Emission Spectroscopy
LEA	Laboratório de Espectroscopia Atômica
MCAS	Mestrado em Ciências Ambientais e Saúde
MS	Ministério da Saúde do Brasil
OMS	Organização Mundial de Saúde
PGAGEM	Programa de Geoquímica Ambiental e Geologia Médica
PUC-Goiás	Pontifícia Universidade Católica de Goiás
SANEAGO	Saneamento de Goiás S/A
UCB	Universidade Católica de Brasília
VMP	Valor Médio Padrão

1. INTRODUÇÃO

Por causa da água todos os elementos da natureza circulam na biosfera, sofrendo degradação e intemperismo, sendo depositado, absorvido ou ingerido por algum organismo vivo e participando do meio biótico por algum tempo até que seja devolvido ao ambiente através de excreção ou decomposição (Fleury, 1995).

Todo o universo é constituído por um único grupo de elementos químicos, inclusive os seres vivos, somos frutos de uma "poeira cósmica" em uma receita que se diferencia simplesmente na dosagem desses elementos que atuam diretamente na saúde dos seres vivos. Conhecidos como sais minerais, o excesso ou a falta de algum elemento pode resultar em patologias ou disfunções dos organismos (Thiel, 1964).

Dentre todos os elementos que constituem a biosfera a água é considerada o elemento essencial para a vida, ela ocupa uma proporção de aproximadamente 70% da matéria que compõe os seres vivos. Ela participa de todo processo metabólico e fisiológico dos seres vivos. Apropriada como solvente universal é o maior responsável pelo transporte dos sais minerais nos organismos vivos e em todo o ambiente terrestre (Branco, 2000).

A água nos serve para a higiene pessoal, do lar, nas indústrias, geração de energia e agricultura, dessedentação humana e dos animais. Porem, ao contrário do que o homem imaginava a água não é um bem inesgotável, a sua qualidade depende da conservação do solo, subsolo, nascentes, córregos, rios, morros, fauna e flora em equilíbrio ecológico (Campos, 2009).

A água que abastece as populações depende da conservação de todo complexo das bacias hidrográficas. A bacia hidrográfica que ocupa a maior parte do Estado de Goiás é a bacia do Paraná que tem o rio Paranaíba como rio mais importante. Essa bacia está em 44% da área do nosso Estado e, em seu entorno vivem cerca de 75% da população goiana (Bayer, 2009).

Os principais responsáveis pelo abastecimento da população da região metropolitana de Goiânia e entorno são o rio Meia Ponte e o ribeirão João Leite. O ribeirão João Leite foi represado para o armazenamento de água a fim de aumentar o seu potencial de abastecimento (Campos, 2009).

O Plano Nacional de Recursos Hídricos estabelece regras para o saneamento básico, a universalização ao seu acesso e que o abastecimento de água, o esgotamento sanitário, a limpeza urbana e o manejo de resíduos sejam feitos de forma adequada à saúde pública e preservação do meio ambiente (Machado, 2009).

Os Estados foram incentivados pelo governo federal a produzir planos próprios para cuidar de suas águas. A legislação brasileira reafirma a água como um bem de domínio público, um recurso limitado e as bacias hidrográficas são unidades territoriais onde se deve programar uma política nacional para esse setor (Machado, 2009).

As principais fontes poluidoras das bacias hidrográficas são: industriais, agroindustriais, agropecuárias, urbanas, mineração. Todas essas fontes tornam-se mais ou menos expressivas em função do grau de poluição ou contaminação de seus efluentes (Guerino, 2009).

Em nosso Estado existem poucas atividades de educação ambiental, o que resulta em desmatamentos, impermeabilização do solo, contaminação do ambiente com agrotóxicos, queima de combustível fóssil, consumo indiscriminado de óleos, lubrificantes, produção de lixo eletrônico, químicos e outros. O desmatamento ocasionado pela ação humana ao longo do tempo já provocou a destruição de grande parte das matas nativas (típicas do cerrado) atingindo áreas de preservação como topos de morros, nascentes e matas ciliares (Costa, 2009).

O crescimento das cidades em direção aos mananciais e às captações de água, tem causado sérios transtornos aos cursos hídricos, tais como: esgotos clandestinos, erosões e assoreamento, lançamento de lixo e animais mortos nas águas, depredação das matas ciliares e margens dos córregos o que gera mais poluição, e pode até inviabilizar o tratamento da água (Guerino, 2009).

Como parte do trabalho realizado pela Companhia de Pesquisas dos Recursos Naturais (CPRM) nas Estações de Tratamento de Água (ETA's) do Estado de Goiás, neste trabalho está sendo feita a análise dos resultados referentes a 11 municípios da região metropolitana de Goiânia-Go, com o objetivo de verificar os parâmetros físico-químicos e a composição multielementar da água tratada a ser comparada com possíveis problemas de saúde da população.

Para garantir melhor qualidade de vida e saúde para população é preciso desenvolver ações de intervenção que contribuam com a preservação de nossos mananciais com campanhas educativas, controle do uso de agrotóxicos, recomposição das matas ciliares, proteção das nascentes, destino adequado para o lixo, entre outras. A nossa saúde depende da qualidade da água, o que é resultado de um ambiente em equilíbrio.

2. OBJETIVOS

2.1. GERAL

Verificar a qualidade da água tratada nas Estações de Tratamento de Água (ETA's) de 11 (onze) municípios da região metropolitana: Goiânia, Aparecida de Goiânia, Senador Canedo, Trindade, Abadia de Goiás, Guapó, Goianira, Santo Antonio de Goiás, Goianápolis, Nerópolis e Terezópolis, através de análise multielementar geoquímica e pontuar possíveis problemas de saúde relacionados com o excesso de alguns elementos químicos presente na composição da água que abastece esses municípios.

2.2. ESPECÍFICOS

- Analisar a potabilidade da água distribuída para consumo em 11 municípios da região metropolitana de Goiânia-GO.
- Quantificar o percentual de elementos químicos contidos na composição da água que abastece esses municípios.
- Classificar os elementos químicos segundo a ordem de significância e o seu potencial de toxicidade.
- Identificar possíveis problemas de saúde que os elementos químicos podem provocar pelo excesso ou carência no organismo do homem.
- Contribuir com a prevenção de doenças causadas pelo excesso ou carência de elementos químicos presentes na composição da água.
- Identificar problemas a fim de desenvolver ações de saneamento básico e consciência ambiental nos municípios mais afetados pela ação antrópica.

3. REVISÃO BIBLIOGRÁFICA

3.1. Geoquímica Ambiental

O termo geomedicina foi identificado como aquele onde os métodos geográficos e cartográficos podem ser utilizados na pesquisa médica. Há muito tempo que a representação cartográfica da distribuição das moléstias humanas e animais vem sendo utilizada pelo homem (Lâg, 1990).

Devido à necessidade da integração entre médicos, biólogos, geógrafos, meteorologistas, ecologistas e geólogos no avanço e desenvolvimento das pesquisas geoquímicas, surgiram as conexões entre a sanidade humana e a ocorrência de diversos elementos na água, para a existência de regiões com excesso ou carência de determinados elementos químicos (Vinogradov, 1959).

A relação entre a distribuição de elementos químicos no ambiente e a saúde humana torna-se mais forte à medida que aumenta a contaminação antrópica das águas por resíduos domésticos, industriais e o chorume oriundo de depósitos de lixo que contaminam os lençóis freáticos. Assim, a produção de mapas geoquímicos pode tornar-se um valioso instrumento informativo indicando áreas que representam o excesso de elementos potencialmente tóxicos para saúde humana (Costa, 2009).

Neste fim de século (século XX) as sociedades começaram a sofrer grandes transformações com o fenômeno de "globalização" e de uma nova ordem econômica mundial impondo novos paradigmas à sociedade, não só no aspecto econômico, mas também nos planos sociais, políticos e culturais (Stigson, 1998).

Nos últimos anos, foi despertada a consciência mundial para as grandes ameaças representadas pela explosão populacional, pelo esgotamento dos recursos naturais do planeta, pela perda da biodiversidade, pela poluição crescente da atmosfera e da hidrosfera, pelas aglomerações urbanas vulneráveis a desastres naturais e tecnológicos (Cordani, 1997).

A relação entre o ambiente contaminado e a saúde é fornecida diretamente pela cadeia alimentar e por inalação de poeiras e gases atmosféricos ou pelo contato direto com a pele. Muitas doenças possuem um substrato casual, condicionante ou desencadeante de caráter ambiental, e podem ocorrer através de contaminações agudas ou crônicas (MS, 2002).

Os problemas de saúde associados aos riscos toxicológicos por poluição ambiental afetam principalmente os ambientes de trabalho, mas também são causados por desequilíbrios nutricionais, de ingestão e poluição ambiental. A preocupação com riscos ambientais deve estar voltada tanto para as populações expostas ocupacionalmente como também para as populações de modo geral, expostas a ambientes que possam oferecer riscos de contaminação (MS, 2002).

As contaminações ambientais podem ser de origem natural ou antrópica. As principais contaminações naturais são causadas por vulcanismo e atividades que lançam os elementos do interior da Terra para a superfície. Alguns fenômenos geológicos como intemperismo e terremoto também ameaçam a saúde quando provocam deslizamentos de terra, remobilizam elementos químicos disponibilizando-os à biota em diferentes concentrações (Selenius et al, 2005).

Os ambientes que caracterizam situação de risco mais marcante para a saúde e a qualidade de vida são aqueles que foram modificados pelo homem. Eles apresentam situações de risco que estão relacionadas com o desenvolvimento econômico e industrial e trazem consequentimente a poluição e a degradação do meio ambiente (Câmara, 1997).

Os problemas mais graves que afetam a qualidade da água são provenientes de esgotos domésticos tratados de forma inadequada ou lançados naturalmente nos córregos e rios, descontrole de efluentes industriais, perda e destruição da bacia de captação, localização imprópria de unidades industriais, desmatamento, agricultura migratória, impermeabilização do solo, exploração mineral inadequada e práticas agrícolas deficientes (Agenda 21, 1992).

No Brasil, as fontes de contaminação da água por elementos químicos de origem antrópica, estão associadas a atividades industriais e de mineração, da geração de efluentes municipais (Guilherme *et al*, 2005), ação de garimpos clandestinos com contaminação de mercúrio (Pinheiro *et al*, 2000), plantações que utilizam agrotóxicos e inseticidas com a presença de metais pesados (Ramalho *et al*, 2000), lixões e depósitos de lixo que recebem baterias de carro, telefone celular, material eletrônico entre outros (Pereira & Lima, 2007).

Todos os seres vivos fazem parte da natureza. A Terra nos sustenta com seus nutrientes químicos e a água é o elemento responsável por transportar esses nutrientes por toda biosfera. Cuidar da água é cuidar da nossa saúde, da saúde de todos os seres vivos, do equilíbrio ecológico. Para ter uma vida saudável o homem precisa viver em conjunto com todos os elementos da natureza em harmonia.

3.2. Geologia Médica

A Geologia Médica é o estudo das relações entre os fatores geológicos e a saúde, enfatizando o impacto dos metais e os processos geológicos na saúde pública, especialmente os materiais nocivos de origem natural ou antrópica presentes no ambiente (Silva et al, 2006). Estuda a influência das condições climáticas e ambientais sobre a saúde, principalmente em relação aos impactos epidemiológicos desses fatores na distribuição e prevalência das epidemias (Cortecci, 2003).

Há uma grande conexão entre a concentração dos elementos no ambiente e a saúde dos seres vivos. Existe uma dependência entre províncias biogeoquímicas e doenças endêmicas especificamente evidentes em regiões com excesso ou carência de alguns elementos químicos (Licht, 2001).

Vários exemplos de doenças causadas pelo desequilíbrio da concentração de elementos químicos no organismo já foram identificados, caracterizando um relacionamento direto entre ambiente geoquímico e saúde. Na Tabela 1 estão relacionados alguns exemplos como: a ocorrência de bócio endêmico relacionado à deficiência de iodo, a ocorrência de cárie dentária relacionada à deficiência de flúor, a ocorrência de fluorose dentária e do esqueleto por excesso do flúor. O cretinismo e hipertrofia da tireóide relacionada à geodisponibilidade do iodo (Selenius et al, 2005).

Tabela 1. Conseqüências na saúde causadas pelo excesso ou carência de elementos químicos presentes no organismo dos seres humanos.

Desordem	Consequência	Local do relato
Excesso de Hg	Doença de Minamata	Japão
Excesso de Cd	Doença do Itai-itai	Japão
Excesso de Cd	Efeitos destrutivos nos rins e ossos	Diversos
Excesso de F	Fluorose dentária e nos ossos	Diversos
Carência de Se	Keshan	China
(selenose)	Moléstias nervosas	Diversos
Carência de Se	Artrite devido à superprodução de peroxidase	Diversos
Carência de Cu + Zn + Se	Bócio	Diversos
Carência de I	Cáries dentária	Diversos
Carência de F	Osteoporose	Diversos
Carência de P	Nanismo	Diversos
Carência de Zn	Depressão e doenças nervosas	Diversos
Carência de Mg	Moléstias cardiovasculares e Cr-diabetes	Diversos
Carência de Cr		

Fonte: modif. Scharpenseel e Becker-Heidmann, 1990 apud. Licht, 2001.

No entanto, as moléstias estão relacionadas principalmente à exposição anormal resultante de atividades industriais ou a deficiências alimentares não diretamente relacionadas ao ambiente geoquímico. Correlações aparentes, na ausência de uma relação "causa/efeito", são numerosas. Nesta categoria podemos citar a esclerose múltipla, hipertensão, arteriosclerose, mal de Alzheimer, cardiopatias e até mesmo o desenvolvimento de câncer à existência de níveis alterados de Co, Cd, Al, Hg, Se, As entre outros. Um pouco separada dos males identificáveis, existe uma possibilidade concreta de debilitação subclínica devido ao desequilíbrio de elementos-traço que tem conseqüências menos sérias onde, ainda faltam muitos dados (Webb, 1975).

Os elementos químicos de importância para a biologia e medicina são os denominados macroelementos essenciais, sem os quais os organismos não conseguem sobreviver, e os microelementos essenciais necessários para a manutenção e funcionamento da vida. Em oposição a estes elementos estão os elementos tóxicos que, em concentrações elevadas ameaçam a vida ou o bom funcionamento metabólico (Komatina, 2004).

Os elementos químicos também podem ser classificados como: elementos maiores, elementos menores e elementos traço. Os elementos maiores são conhecidos como elementos constituintes (carbono, hidrogênio, oxigênio e nitrogênio), que são os de maior quantidade no corpo humano e constituem a maior parte dos tecidos orgânicos, em média 96% do peso corporal. Os elementos menores ou macroelementos essenciais (cálcio, fósforo, potássio, enxofre, sódio, cloro e magnésio) constituem 3,8 % do peso corporal e são essenciais à manutenção da saúde, devendo ser ingeridos diariamente. Os outros 0,2% do peso corpóreo são representados por 73 dos 90 elementos relacionados na tabela periódica de Mendeleev. Devido à pequena quantidade são considerados elementos traço ou microelementos (Selenius *et al*, 2005).

Os elementos traço podem ser classificados como essenciais e não essenciais. Os microelementos essenciais são regulados por processos metabólicos equilibrados no organismo, enquanto os não essenciais não são regulados e podem ser armazenados em quantidades crescentes no organismo. Os elementos traço não podem ser sintetizados pelos seres vivos, eles ocorrem naturalmente no ambiente em limitadas faixas de concentração (Horovitz, 1988).

Os elementos são essenciais quando a insuficiência provoca uma deficiência no funcionamento orgânico, mas a suplementação em níveis fisiológicos pode prevenir ou curar essa deficiência. Alguns exemplos de microelementos essenciais são: ferro (Fe), zinco (Zn), cobre (Cu), manganês

(Mn), iodo (I), molibdênio (Mo), cromo (Cr), selênio (Se) e cobalto (Co). Já o estrôncio (Sr), rubídio (Rb), vanádio (V), estanho (Sn), níquel (Ni), lítio (Li), boro (B), germânio (Ge), tungstênio (W), arsênio (As), prata (Ag), ouro (Au) e bismuto (Bi) ainda não foram comprovados como microelementos essenciais (Santana, 2003; Selenius *et al*, 2005).

A Toxicidade dos elementos traço é uma questão de dose ou tempo de exposição, da forma física e química do elemento e da via de absorção (Santana, 2003). A ação tóxica também é uma propriedade da estrutura química de uma substância que tem a capacidade de provocar lesões em um tecido orgânico (Licht, 2001).

Vários elementos-traço não essenciais são conhecidos como elementos tóxicos, entre eles estão o mercúrio (Hg), cádmio (Cd), chumbo (Pb), arsênio (As), tálio (Tl), telúrio (Te), cobre (Cu), urânio (U), antimônio (Sb), berílio (Be), níquel (Ni), estanho (Sn), tungstênio (W) e vanádio (V) (Santana, 2003; Gellein, 2008). Dentre os microelementos essenciais o manganês (Mn), molibdênio (Mo), cromo (Cr), selênio (Se) e cobalto (Co) são tóxicos quando acima de certos limites (Lemes, 2001).

O problema de saúde causado por elementos químicos tem como responsáveis não apenas a presença dos elementos tóxicos, mas o balanço da quantidade ótima de elementos essenciais para cada organismo. Tanto a presença quanto a carência de elementos tóxicos ou o aumento de sua concentração essencial, podem causar um problema no funcionamento orgânico (Selinus et al, 2005).

Quando se considera o risco à saúde, é importante analisar a dose e o nível de exposição, pois alguns efeitos estão diretamente relacionados à dosagem e à biodisponibilidade e indiretamente a fatores químicos, geoquímicos e biológicos (Ge *et al*, 2000). A biodisponibilidade é a capacidade específica de solubilidade do mineral ou da substância que o contém. É a proporção da substância ingerida que é absorvida, transportada ao sítio de ação, e convertida a espécies fisiológicas ou tóxicas ativas (Horovitz, 1988).

A biodisponibilidade dos elementos químicos para os organismos é condicionada pela composição química da água e pelas propriedades específicas de cada elemento. Análises comparadas de metais em água e tecidos biológicos mostraram que a assimilação e a acumulação por plantas e animais podem variar de um ambiente a outro indicando que os riscos à saúde podem variar juntamente com o ambiente (Cortecci, 2003).

O estudo multielementar da composição da água nas ETA's oferece condições para analisar-mos o nível de conservação e a qualidade das bacias hidrográficas sujeitas aos diferentes tipos de ação antrópica. O conhecimento da qualidade da água e a preservação dos mananciais hídricos contribuem para o desenvolvimento sustentável, o controle de doenças e a qualidade de vida.

4. CARACTERIZAÇÃO DA ÁREA DE ESTUDO

4.1. Localização

O Estado de Goiás está situado na região leste do Centro-Oeste do Brasil. Ocupa uma superfície de 341.189,5 Km². É composto por terras planas com altitudes que variam de 200 a 800 metros. Integrante do planalto central limita-se ao norte com o Estado do Tocantins; a leste, com a Bahia; a oeste com Mato Grosso; a sudeste com o Estado de Mato Grosso do Sul e a Sudeste com Minas Gerais (SEPIN, 2009).

O Estado de Goiás conta com 242 municípios. Suas capacidades mais populosas são: Goiânia, Anápolis, Rio Verde, Luziânia e Aparecida de Goiânia. Goiás tem como Capital a cidade de Goiânia, localizada no centro do Brasil, próximo à Capital Federal, Brasília (SEPLAN, 2009).

Como parte do trabalho realizado pela Companhia de Pesquisas dos Recursos Naturais (CPRM) nas Estações de Tratamento de Água (ETA's) do Estado de Goiás, neste trabalho está sendo feita a análise dos resultados referentes aos municípios da região metropolitana: Goiânia, Aparecida de Goiânia, Senador Canedo, Trindade, Abadia de Goiás, Guapó, Goianira, Santo Antonio de Goiás, Goianápolis, Nerópolis e Terezópolis.

4.2. Hidrologia

A principal bacia hidrográfica do Estado de Goiás é a bacia do Paraná que abrange o Distrito Federal, Goiás, Minas Gerais e Mato Grosso do Sul. O rio Paranaíba recebe uma extensa rede de rios que permeiam grande parte do território goiano como, rio Corumbá, Turvo, dos Bois, Verde, São Marcos, Claro, Aporé, Corrente e o rio Meia Ponte que atravessa o nosso Estado (Bayer, 2009).

O Rio Meia Ponte percorre 415 km das suas nascentes localizadas na Serra dos Brandões, município de Itauçu-Go, até a sua foz no Rio Paranaíba, município de Cachoeira Dourada, divisa do Estado de Goiás com o Estado de Minas Gerais, drenando 37 municípios do Estado de Goiás (Bayer, 2009).

Os principais responsáveis pelo abastecimento da população da região metropolitana e entorno são o rio Meia Ponte e o ribeirão João Leite. O ribeirão João Leite é um dos principais afluentes do rio Meia Ponte, percorrendo 61 km é margeado pelos municípios de Ouro Verde de Goiás, Campo Limpo, Anápolis, Goianápolis, Terezópolis de Goiás e Goiânia;

4.3. Aspectos Geológicos

O município de Goiânia encontra-se inserido no contato entre as estruturas arqueanas do complexo Goiano correspondente à metade setentricional da área, e as estruturas metassedimentares do Proterozóico Médio, relativas ao grupo Araxá. O Complexo Goiano é composto por um conjunto de rochas cristalinas submetidas a metamorfismo de grau médio a alto, e o grupo Araxá ocorre na porção meridional do município (Goiânia, 2009).

A presença do Grupo Araxá Sul é predominante na região metropolitana de Goiânia, e está dividido em duas principais unidades. A unidade C, composta principalmente por granada-clorita-muscovita, quartzos, xistos, feldspatos e calcíferos com intercalações subordinadas de gnaisse paraderivados e muscovita xistos, e uma Unidade D constituída principalmente de quartzitos micáceos, com intercalações subordinadas de quartzo-muscovita xistos, sericita xistos, filitos e quartzitos ferruginosos (Moreton,1994).

A área estudada encontra-se representada pelo complexo granulítico Anápolis-Itauçu. Essas rochas foram inicialmente posicionadas no domínio dos terrenos arqueanos-paleozóicos do embasamento cristalino, denominado Complexo Basal (Lacerda Filho, 1999).

4.4. Aspectos Sócio-Políticos

A água própria para o consumo humano deve atender a determinados requisitos de qualidade para que seja considerada potável e não se torne tóxica para o organismo. A qualidade da água depende do clima e da litologia da região, da vegetação circundante, do ecossistema aquático e terrestre e da influência do homem (Padua, 2002).

Com a contínua depredação ambiental promovida pela ação antrópica as reservas hídricas tem se reduzido consideravelmente. As populações de muitos países sofrem com a falta de água potável própria para consumo e higiene. Aproximadamente 2,4 bilhões de pessoas vivem no planeta sem condições aceitáveis de saneamento e mais de um bilhão de pessoas não tem acesso a um abastecimento adequado de água (OPAS, 2001).

É dever do Estado e dos Municípios desenvolver ações políticas para preservação e recuperação dos mananciais. É mais viável investir recursos públicos para prevenir a contaminação e depredação dos rios e nascentes do que gastar com a recuperação desses ambientes e com o tratamento da água.

A Saneamento de Goiás S/A (SANEAGO) é o órgão responsável pelo abastecimento de água tratada, coleta e tratamento de esgoto sanitário do Estado de Goiás. Atua em 223 dos 246 municípios, atende cerca de 4.619.000 (quatro milhões seiscentos e dezenove mil) habitantes. A água utilizada pela população é captada em rios e córregos (mananciais de superfície) ou em poços (mananciais subterrâneos). Os mananciais são as fontes de onde a água é retirada para o abastecimento e consumo da população (SANEAGO, 2009).

4.5. Métodos e Técnicas das ETA's

A água captada em mananciais de superfície passa pelo tratamento em uma ETA convencional (Figura 1 e 2). A água bruta é dosada por Sulfato de Alumínio para iniciar o processo de floculação. Em seguida é conduzida para o floco-decantador no Tanque em formato Cone onde inicia o processo de decantação, a água decantada fica na parte superior do tanque e os flóculos com sedimentos se depositam na parte inferior (Figura 3). Em seguida a água passa pelo processo de filtração em unidades filtrantes com camadas de areia e cascalho que retém as impurezas entre os poros (Figura 4). A partir da filtração a água bruta já é considerada tratada no Tanque de Contato é fluoretada e clorada (Figura 5). A partir daí a água está pronta para abastecer a população e é enviada para um reservatório interno à ETA (Figura 6) em seguida para o reservatório na parte alta da cidade a fim de que possa ser distribuída para os consumidores através da força gravitacional.

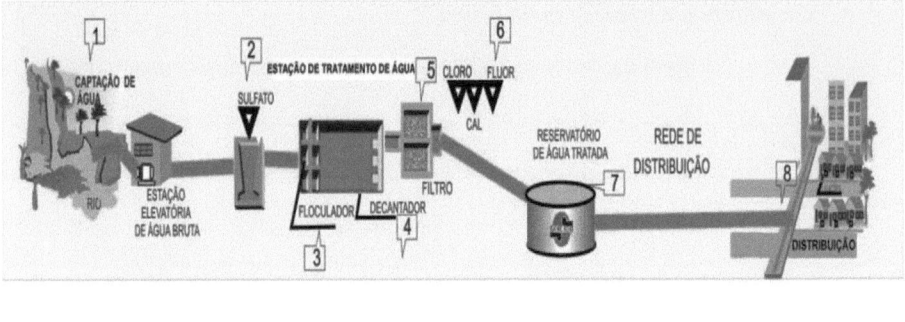

1 CAPTAÇÃO	Água bombeada para estação de tratamento.	DECANTAÇÃO	Processo físico de remoção das partículas.	6 PRODUTOS QUÍMICOS I	Adição de cal para ajuste de pH, desinfecção e fluoretação de água.
2 PRODUTOS QUÍMICOS I	Adição de sulfato de alumínio para remover impurezas.	FILTRAÇÃO	Retenção de partículas em camadas filtrante.	7 RESERVAÇÃO	Armazenamento em reservatórios elevados e apoiados.
3 COAGULAÇÃO-FLOCULAÇÃO	Processo físico-químico de remoção das impurezas pela formação de partículas.			8 DISTRIBUIÇÃO	Sistemas de tubulações que conduz a água às residências.

Figura 1: Descrição simplificada do processo de tratamento de água em uma ETA convencional. Fonte: modificado de SANEAGO (2009).

Figura 2: ETA de Nerópolis-GO.

Figura 3: Tanque cone, onde acontece a floculação e decantação da água.

Figura 4: Filtros de cascalho e areia.

Figura 5: Reservatório de contato. Água considerada tratada passa por um processo de Fluoretação e Cloração.

Figura 6: Tanque reservatório de Água (abastecimento por gravidade) 200.000 L.

Em cidades que utilizam água subterrânea, como é o caso do município de Goianira, o processo é simplificado (Figura 7). A água é captada em poços artesianos (Figura 8) em seguida é enviada para caixa de reunião (Figura 9), que envia para unidades de tratamento onde é Fluoretada e Clorada (Figura 10). Em seguida a água é transportada para caixa elevada e distribuída diretamente para o consumidor.

Antes de abastecer a população, a água tratada passa por um processo de controle de qualidade onde são realizadas análises físico-químicas e bacteriológicas de duas em duas horas para garantir o índice de potabilidade. São observados os seguintes parâmetros: coliforme total-NMP/100ml; coliforme termotolerante-NMP/100ml; pH-potencial hidrogeniônico; cor aparente-mg/l PtCo; turbidez-NTU; flúor-mg/l e cloro residual livre-mg/l. Os valores abaixo de cada parâmetro são recomendados pela Portaria 518/04 do Ministério da Saúde (SANEAGO, 2009).

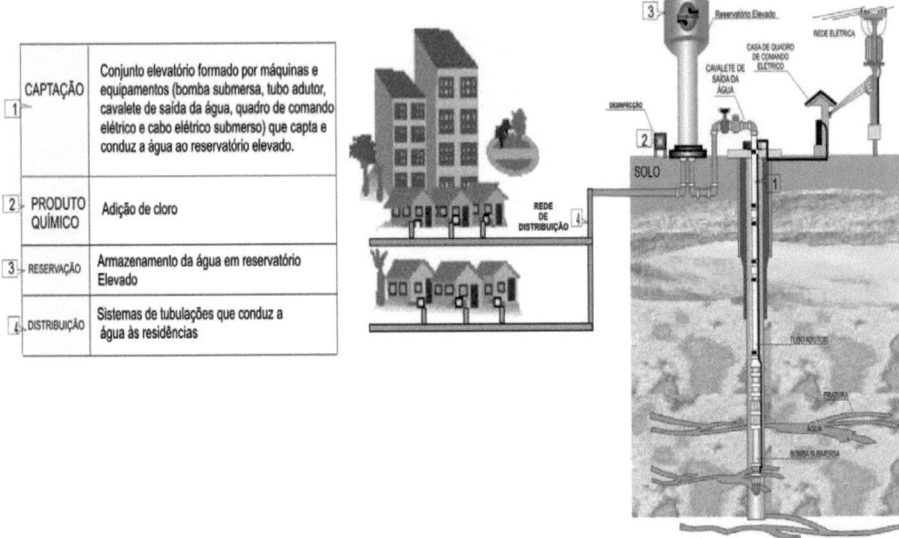

CAPTAÇÃO 1	Conjunto elevatório formado por máquinas e equipamentos (bomba submersa, tubo adutor, cavalete de saída da água, quadro de comando elétrico e cabo elétrico submerso) que capta e conduz a água ao reservatório elevado.	
2 **PRODUTO QUÍMICO**	Adição de cloro	
3 **RESERVAÇÃO**	Armazenamento da água em reservatório Elevado	
4 **DISTRIBUIÇÃO**	Sistemas de tubulações que conduz a água às residências	

Figura 7: Descrição simplificada do processo de tratamento de água por captação de água subterrânea Fonte: modificado de SANEAGO (2009).

Figura 8: Poço de captação de água subterrânea no município de Goianira.

Figura 9: Caixa de reunião que recebe água de oito poços e transfere para unidade de tratamento. Município de Goianira.

Figura 10: Caixa elevatória de distribuição de água à esquerda e caixa de tratamento (Cloração e Fluoretação) ao centro. Município de Goianira.

5. MATERIAIS E MÉTODOS

5.1. Planejamento Preliminar

Realizou-se um estudo de análise química multielementar de amostras de água das ETA's em 11 municípios da região metropolitana de Goiânia-GO. Foi realizada uma pesquisa bibliográfica a partir de livros, periódicos, dissertações de mestrados, mapas, arquivos de órgãos públicos, textos informativos, jornais, sites e outros tipos de materiais considerados relevantes para pesquisa científica.

5.2. Parâmetros para definição da área de estudo

A área de estudo é parte de um projeto maior em desenvolvimento pela Pontifícia Universidade Católica de Goiás (PUC-Goiás) no Programa de Mestrado em Ciências Ambientais e Saúde (MCAS), que tem por objetivo verificar a qualidade da água consumida pela população goiana a partir da análise multielementar de amostras de água tratada coletada nas Estações de Tratamento de Água (ETA's) no Estado de Goiás. Este trabalho optou pelo estudo dos municípios da região metropolitana: Goiânia, Aparecida de Goiânia, Senador Canedo, Trindade, Abadia de Goiás, Guapó, Goianira, Santo Antonio de Goiás, Goianápolis, Nerópolis e Terezópolis.

5.3. Sistemática de numeração das amostras

Cada estação de amostragem recebeu uma numeração formada da sigla do nome dos técnicos do Programa de Geoquímica Ambiental e Geologia Médica (PGAGEM) / Serviço Geológico do Brasil (CPRM) responsáveis pela coleta das amostras (Figura 11), José (J) e Pedro Ricardo (PR), acrescida da letra (A) referenciando as amostras de água e seguidas do número da amostra correspondente a ETA de cada município, totalizando 11 (onze) amostras. Também foram preparados equipamentos para medida das coordenadas geográficas das estações de amostragem (GPS) (Tabela 2) e kits para coleta de água (Figura 12).

Tabela 2: Coordenadas dos pontos de amostragem e toponímia da região de estudo.

Amostra	X	Y	LAT(dec)	LONG(dec)	Toponímia
JA-5147	702161	8153399	-16.693218	-49.104188	Senador Canedo
JA-5157	687168	8158081	-16.652154	-49.245124	Goiânia
JA-5161	667614	8148172	-16.743165	-49.427676	Abadia de Goiás
JA-5163	655685	8137986	-16.836034	-49.538846	Guapó
JA-5177	664018	8162280	-16.615933	-49.462419	Trindade
PR-5137	704660	8176159	-16.487373	-49.082802	Terezópolis de GO
PR-5140	713166	8174522	-16.501417	-49.003002	Goianápolis
PR-5153	680786	8178106	-16.471709	-49.306524	Stº Antonio de GO
PR-5157	669127	8174357	-16.506442	-49.415431	Goianira
JA-5155	685663	8136813	-16.844439	-49.257483	Ap. de Goiânia
PR-5152	691190	8185922	-16.400277	-49.209748	Nerópolis

Figura 11: Técnicos do CPRM em trabalho de coleta em campo. Fonte: CPRM.

Figura 12: Materiais e aparelhos utilizados para coleta de água em campo. Fonte: CPRM.

5.4. Elaboração do Mapa de Amostragem

O mapa de amostragem foi elaborado em escala 1:411.298 sugerida pelo programa, obedecendo os padrões de conveniência para o adensamento proposto, contendo o município, a distribuição e a numeração das ETA's. A correlação dos elementos geoquímicos foi realizado com o Software OASIS 6.1 – módulo Chimera.

5.5. Atividades de Campo

As atividades de campo seguiram as orientações do Manual Técnico do Programa de Geoquímica Ambiental e Geologia Médica PGAGEM-Brasil (CPRM, 2003). Além dos parâmetros físico-químicos medidos em campo, foram obtidas as coordenadas geográficas, com GPS, e feitas observações gerais sobre a estação de amostragem (nome, número, relevo, geologia) e sobre as condições da água (cor, profundidade, movimentação superficial). Todas as informações foram tabuladas em planilha ou ficha de campo.

Estas informações são exemplificadas com amostras de água de uma corrente livre da carga em suspensão de partícula dos sólidos eliminados por filtragem. Depois de preparadas, as amostras são submetidas a ataques ou extrações que visam liberar os elementos químicos de modo a permitir sua quantificação. A seleção do ataque ou técnica de extração dependerá da forma de ocorrência ou especiação dos elementos químicos na amostra sob análise.

Os elementos podem estar presentes na forma de minerais resistentes ao intemperismo, de elementos fracamente ligados à fração orgânica ou então, ligados à fração de óxidos mal cristalizados de Fe, Mn e Al. Em cada estação, a amostra de água coletada é transferida para duas garrafas de polietileno de 1 litro. A partir dessas garrafas, várias alíquotas serão obtidas gerando várias sub-amostras, segundo o tipo de análise requerida, para determinação dos principais constituintes iônicos das águas. Como as amostras não podem ser expostas a temperaturas muito altas e à radiação solar, recomenda-se a utilização de embalagens de isopor com gelo, para uso no campo, à medida que as amostras forem preparadas devem ser acondicionadas no isopor.

5.6. Atividades Laboratoriais

No Laboratório de Espectroscopia Atômica (LEA) da Universidade Católica de Brasília (UCB), foram realizadas as análises químicas multielementar por ICP-OES, nas amostras de água, para os seguintes elementos: Al, B, Ba, Ca, Fe, Mn, Mg, Pb, Zn, Na, K. Também foram realizados testes por cromatografia para: F, Cl, NO2, Br, NO3.

5.7. Tratamento dos Dados e Apresentação dos Resultados

O tratamento estatístico de correlação dos elementos geoquímicos foi realizado com o Software OASIS 6.1 – módulo Chimera. A primeira determinação realizada foi a obtenção individual dos parâmetros estatísticos de cada elemento químico (média aritmética, desvio padrão e valores anômalos de 1ª, 2ª e 3ª ordens) e a construção das matrizes de correlação destes elementos. A partir destas determinações foram definidas as associações geoquímicas (afinidades entre os elementos) que constituíram a base para a confecção dos mapas de distribuição dos elementos químicos selecionados.

Para confecção dos mapas de distribuição dos elementos foi utilizado o Geosoft Mapping and Processing System (GMPS), associado a um software de modelamento da empresa canadense Geosoft. Estes mapas são apresentados em formas de figuras de acordo com as associações estabelecidas através das matrizes de correlação.

6. RESULTADOS

6.1. Dosagem Química Multielementar da Água

As amostras de água foram analisadas de forma multielementar através das metodologias relacionadas na Tabela 3. Após a coleta, as amostras foram filtradas, refrigeradas a 4°C em frascos âmbar, e encaminhados para dosagem no Laboratório de Espectroscopia Atômica da Universidade Católica de Brasília (UCB).

Tabela 3: Elementos e compostos químicos dosados nas amostras das ETA's dos 11 municípios em estudo, acrescidos de suas respectivas análises metodológicas.

Metodologia	Elementos e Compostos Químicos
ICP-OES	Al, B, Ba, Ca, Fe, Mg, Mn, Pb, Zn, Na, K.
CROMATOGRAFIA	F, Cl, NO2, Br, NO3

As concentrações dos elementos químicos (obtidos por ICP) passaram por tratamento estatístico onde foram calculados seus valores máximos, mínimos, média aritmética e desvio padrão. Para tanto, foi utilizado o programa OASIS montaj v. 6.1 – módulo Chimera. As Tabelas 4 e 5 mostram os valores de 1^a, 2^a e 3ª ordens de cada elemento e composto químico dosado a partir dos dados do sumário estatístico.

Tabela 4: Valor mínimo e máximo e sumário estatístico das concentrações dos elementos químicos.

Elemento	mínimo	máximo	X	S
Al	0,1	0,4	0,127	0,09
B	0,002	0,508	0,177	0,221
Ba	0,003	0,094	0,034	0,027
Ca	0,77	19	7,414	5,655
Fe	0,006	0,101	0,027	0,027
K	0,8	2,3	1,763	0,52
Mg	0,26	10,4	3,531	2,949
Mn	0,001	0,041	0,012	0,013
Na	0,8	6,3	3,054	1,856
Pb	0,005	0,052	0,01	0,014
Sr	0,003	0,144	0,054	0,045
Zn	0,001	0,145	0,032	0,042
Br	0,1	0,36	0,041	0,105
Cl	0,367	3,969	1,695	1,172
F	0,011	1,688	0,367	0,524
No2	0,01	2,289	0,057	0,08
No3	0,05	1,187	0,628	0,38

X – Média Aritmética   S – Desvio Padrão.

A partir destes dados foram calculados os valores de primeira, segunda e terceira ordens. Os Valores de 3ª ordem estão situados entre o valor médio mais um desvio padrão e o valor médio mais dois desvios padrão (X+S – X+2S). Os valores de 2ª ordem estão entre os valores maiores que o valor médio mais dois desvios padrão e o valor médio mais três desvios padrão (X+2S – X+3S). E os valores de 1ª ordem são maiores que o valor médio mais três desvios padrão (>X+3S). Então, valores de 1ª ordem correspondem às maiores concentrações encontradas. Estes valores para cada elemento estão relacionados na tabela 5 onde serão comparados com os Padrões Brasileiros e Internacionais de Qualidade da Água com Valor médio Padrão (VMP) em mg/L conforme a resolução Conselho Nacional do Meio Ambiente (CONAMA) 357, 2005; Ministério da Saúde do Brasil (MS) 518, 2004; Organização Mundial de Saúde (OMS) e Agência de Proteção Ambiental dos EUA (EPA).

Tabela 5: Sumária estatístico e valores de 1ª, 2ª e 3ª ordens de cada elemento e composto químico dosados nas amostras acrescidos de seus respectivos VMP pelo Padrão Brasileiro e Internacional de Qualidade da água (em mg/L) dos elementos químicos analisados.

Elemento	1ª ordem >X+3S	2ª ordem X+2S – X+3S	3ª ordem X+S – X+2S	MS 518, 2004	CONAMA 357, 2005	EPA	OMS
Al	>00,40	00,31 – 00,40	00,22 – 00,30	0,2	0,2	0,2	0,2
B	>00,84	00,62 – 00,84	00,40 – 00,61	-	0,5	1,4	0,5
Ba	>00,11	00,09 – 00,11	00,06 – 00,08	0,7	0,7	2	0,7
Ca	>24,38	18,72 – 24,38	13,07 – 18,71	-	-	-	-
Fe	>00,11	00,08 – 00,11	00,05 – 00,07	0,3	0,3	0,3	0,3
K	>03,32	02,80 – 03,32	02,28 – 02,79	-	-	-	-
Mg	>12,38	09,43 – 12,38	06,48 – 09,42	-	-	-	-
Mn	>00,05	00,04 – 00,05	00,02 – 00,03	0,1	0,1	0,05	0,4
Na	>08,62	06,76 – 08,62	04,91 – 06,75	-	-	-	-
Pb	>00,05	00,04 – 00,05	00,02 – 00,03	0,01	0,01	0,015	0,01
Sr	>00,19	00,14 – 00,19	00,10 – 00,13	-	-	4	-
Zn	>00,16	00,12 – 00,16	00,07 – 00,11	5	0,18	5	3
Br	>00,36	00,25 – 00,36	00,15 – 00,24	0,025	-	0,01	0,01
Cl	>05,21	04,04 – 05,21	02,87 – 04,03	5	0,01	-	5
F	>01,94	01,41 – 01,94	00,89 – 01,40	1,5	1,4	4	1,3
No2	>00,30	00,22 – 00,30	00,14 – 00,21	1	1	1	3
No3	>01,77	01,39 – 01,77	01,01 – 01,38	10	10	10	50

VMP – Valor Máximo Permitido. X – Média Aritmética. S – Desvio Padrão

MS – Ministério da Saúde. CONAMA – Conselho Nacional do Meio Ambiente.

EPA – Agência de Proteção Ambiental dos EUA. OMS – Organização Mundial de Saúde.

Fonte: CONAMA, 2008. MS, 2004. OMS, 2006. EPA, 2008. EPA *apud* ATDSR, 2004.

Tabela 6: Valores anômalos de 1ª (sublinhado), 2ª (itálico), e 3ª (negrito) ordens dos elementos químicos dosados nas amostras, segundo níveis e limites de concentrações (mg/L).

Município	Al	B	Ba	Ca	Fe	Mg	Mn	Pb	Sr	Zn	Na	K	F	Cl	NO2	Br	NO3
Senador Canedo	0,1	0,002	0,019	4,21	0,039	2,62	0,007	0,005	0,029	0,013	2,8	**2,3**	0,08	2,61	0,03	0,01	0,94
Goiânia	0,1	0,002	0,035	9,9	0,015	5,58	0,017	0,005	0,063	0,031	4,8	2,2	0,03	0,99	0,09	0,01	**1,19**
Abadia	0,1	0,002	0,016	2,42	0,012	0,7	*0,041*	0,005	0,015	*0,145*	2	2,2	0,84	**3,97**	0,01	0,01	0,38
Guapó	*0,4*	0,002	0,018	2,67	*0,101*	1,07	0,017	0,005	0,023	*0,073*	2,4	2	*1,69*	2,40	0,01	0,01	0,63
Trindade	0,1	0,002	0,019	6,65	0,006	4,03	0,002	0,005	0,06	0,001	3,1	1,6	0,63	2,63	0,01	0,01	**1,05**
Terezópolis	0,1	**0,478**	**0,064**	*19*	0,031	**10,4**	0,006	0,016	0,076	0,036	0,8	1,7	0,10	0,38	*0,29*	*0,36*	0,05
Goianápolis	0,1	0,22	0,023	3,88	0,019	1,53	**0,036**	0,005	0,02	0,005	1,5	1	0,03	1,75	0,04	0,01	0,29
Stº Antonio	0,1	**0,492**	**0,094**	12,6	0,012	5,05	0,001	0,005	**0,126**	0,007	**6,3**	1,9	0,05	0,79	0,01	0,01	0,98
Goianira	0,1	**0,508**	**0,063**	**13,4**	0,041	5,09	0,004	**0,052**	**0,144**	0,017	**5,6**	1,4	0,08	0,37	0,07	0,01	0,53
Ap.de Goiânia	0,1	0,002	0,003	0,77	0,016	0,26	0,006	0,005	0,003	0,03	0,8	0,8	0,01	0,56	0,04	0,01	0,17
Nerópolis	0,1	0,245	0,027	6,06	0,009	2,52	0,003	0,005	0,04	0,001	3,5	**2,3**	0,51	2,19	0,03	0,01	0,71

*Resultado das análises realizadas no Laboratório de Espectroscopia Atômica UCB.

Após a obtenção dos valores de 1ª, 2ª e 3ª ordens (utilizando o software OASIS), foram confeccionadas as matrizes de correlação dos cátions e ânions dosados nas amostras de água através de ICP para Al, B, Ba, Ca, Fe, Mg, Mn, Pb, Sr e Zn; e Cromatografia para F, Cl, NO2, Br e NO3 em diferentes níveis de significância (muito fortes, fortes, moderados, fracos, muito fracos e nulos). Neste trabalho, os níveis de significância muito forte e forte foram utilizados para determinação das correlações dos elementos e compostos químicos. A partir da elaboração destas matrizes, tornou-se possível a confecção dos mapas geoquímicos.

6.2. Associação dos Elementos

Conforme um dos princípios da petrologia, metalogenia e geoquímica, em condições naturais, os elementos químicos agrupam-se segundo regras de comportamento e afinidade que possibilitam identificar a presença de um elemento quando detectada a presença de outro com o qual tenha afinidade de ligação molecular. Dessa relação surgiu o conceito dos elementos "farejadores", aqueles com propriedades particulares que fornecem anomalias mais utilizáveis que os dos elementos procurados pelos que estejam associados (Warren & Delavalut, 1958).

Esse conceito é extremamente eficiente quando aplicado sob condições naturais, mas sofre sérias restrições quando utilizado em situações onde o ambiente sofreu interferência humana. Na tecnosfera poderão ocorrer situações elementares imprevisíveis, como no caso de uma região agrícola submetida à aplicação de fertilizantes fosfatados apresentando uma anomalia de urânio, mesmo que o substrato geológico seja constituído de basalto (Souza, 1998). A associação basalto-urânio não é razoável se forem consideradas apenas as variáveis naturais. Porém, se for adicionada uma variável antrópica (como a adição de fertilizantes fosfatados, produzidos naturalmente com matéria prima rica em urânio) os resultados adquirem coerência (Licht, 2001).

A matriz de correlação dos elementos em estudos revela a associação de afinidade entre alguns elementos, assim foi possível determinar as correlações mais significativas apresentados na tabela 7.

Tabela 7: Correlações mais significativas entre os elementos selecionados.

CORRELAÇÃO	NIVEL DE SIGNIFICÂNCIA
Mg - Ca	Muito Forte
Ba - B - Ca - Sr	Forte
Fe - Al	Forte

Os mapas geoquímicos são utilizados tanto na detecção de áreas com excesso de elementos químicos potencialmente tóxicos como também na revelação de regiões onde há uma deficiência de elementos essenciais à saúde (Maia, 2004).

Visando uma melhor análise das associações mais significativas entre os elementos químicos presentes nos municípios em estudo, e a visualização da distribuição geográfica, foram confeccionados mapas geoquímicos para os elementos associados.

6.3. Ação Biológica e Mapas de Distribuição dos Elementos Selecionados

Associação 1: Mg – Ca Os elementos químicos assumem uma tendência de distribuição nas direções NE e NO, e em pequenos pontos na direção L e S. A amostra PR-5137 (Terezópolis) apresentou concentrações em nível de significância de 2ª ordem de Ca – 19 mg/L e Mg 10,4 mg/L. Altos teores de Ca também foram encontrados na amostra PR-5157 (Goianira) em concentração com nível de significância de 3ª ordem, 13,4 mg/L.

O Magnésio (Mg) é o quarto cátion mais abundante no organismo humano e o segundo mais concentrado no meio intracelular. É essencial para composição óssea, ativação de sistemas enzimáticos, transporte celular, contração muscular e transmissão de impulsos nervosos. Sua deficiência está relacionada à desordem no metabolismo de cálcio, potássio, fósforo e pode causar confusão mental, convulsão, tremor, náuseas, vômitos, diarréia, taquicardia, hipertensão arterial. O excesso provoca hipocalcemia, sintomas neuromusculares (arreflexia, fraqueza muscular generalizada, insuficiência respiratória por paralisia muscular) e cardiotoxicidade com alterações eletrocardiográficas e risco de parada cardíaca (Motta, 2000).

O Cálcio (Ca) é um elemento essencial para o ser humano. É encontrado principalmente nos ossos, dentes, tecidos e fluidos corporais. É fundamental para o controle dos impulsos nervosos, ação muscular, coagulação do sangue e permeabilidade celular. Sua deficiência no organismo provoca raquitismo, falhas na coagulação sanguínea, distúrbios nervosos e fadigas musculares (Cortecci, 2003). O excesso de cálcio no organismo também é prejudicial à saúde, podendo provocar calcificações excessivas nos ossos e rins (Bigazzi, 1996).

O Ca é um elemento muito utilizado na agricultura dessa região para corrigir o pH do solo. Essa prática pode estar elevando a concentração natural desse elemento na composição da água nos municípios de Terezópolis e Goianira.

Associação 2: Ba - B - Ca – Sr Esses elementos químicos assumem uma tendência de distribuição nas direções N, NO e NE. O Bário (Ba) foi encontrado em nível de significância de 3ª ordem nas amostras: PR-5137 (Terezópolis) com 0,064 mg/L; PR-5153 (St° Antônio de Goiás) com 0,094 mg/L e PR-5157 (Goianira) com 0,063 mg/L. O Boro (B) também foi encontrado em nível de significância de 3ª ordem nas mesmas amostras: PR-5137 (Terezópolis) com 0,478 mg/L; PR-5153 (St°

Antônio de Goiás) com 0,492 mg/L e PR-5157 (Goianira) com 0,508 mg/L. O Cálcio (Ca) apresentou nível de significância de 2ª ordem nas amostras: PR-5137 (Terezópolis) com 19 mg/L e na amostra PR-5157 (Goianira) em concentração com nível de 3ª ordem: 13,4 mg/L. O Estrôncio (Sr) foi encontrado em nível de 2ª ordem na amostra PR-5157 (Goianira) com 0,144 mg/L e em nível de 3ª ordem na amostra PR-5153 (St° Antônio de Goiás) com 0,126 mg/L.

O *Bário (Ba)* é considerado por alguns pesquisadores como um elemento essencial, porém, sua função metabólica não está bem esclarecida. Níveis elevados de Ba podem interferir no metabolismo de Ca e retenção de potássio (Motta, 2000).

O íon bário é um estimulante muscular que é muito tóxico para o coração e pode causar a fibrilação ventricular. O consumo acima de 500mg é fatal para o ser humano. O seu excesso causa bloqueio no sistema nervoso e aumento da pressão sangüínea por vasoconstrição (UFRJ, 2003).

Os sintomas por intoxicação por bário são náuseas, vômito, diarréia, dor abdominal, sudorese, tremores, convulsão, arritmia cardíaca, fibrilação ventricular, fibrilação muscular, hipertensão, diminuição de potássio, paralisia muscular, dispnéia, insuficiência respiratória, hemorragias internas (CENEPI/FUNASA, 2003).

O *Boro (B)* é um elemento considerado como não tóxico à saúde humana. Ao ser acumulado no corpo age sobre o Sistema Nervoso Central podendo causar hipertensão, vômitos, diarréia e até mesmo o coma (Cortecci, 2003).

O *Cálcio (Ca)* é um macro-elemento essencial para o ser humano. A deficiência de cálcio sérico, afeta fisiologicamente o cálcio ionizado ativo, principalmente em relação ao teor de proteínas plasmáticas e pH sanguíneo (Motta, 2000). A falta do cálcio também resulta em osteoporose, fraturas ósseas, raquitismo, diarréia, cãebras musculares, laringoespasmo, convulsões (Paula & Foss, 2003). O excesso de cálcio provoca disfunções renais, arritmias cardíacas e mal estar geral. O hiperparatireoidismo primário que afetam a função das glândulas paratireóides, também são resultados da hipercalcemia (Motta, 2000).

O Estrôncio (Sr) é um metal, e não possui aplicações diretas nas atividades fisiológicas do ser humano. O conteúdo de estrôncio presente no corpo humano está em média de 4,6 ppm do peso corporal, 99% desse total está localizado nos dentes e nos ossos (ATDSR, 2004). Os valores apresentados não expressarem riscos alarmantes.

Associação 3: Fe – Al Esses elementos químicos assumem uma tendência de distribuição no sentido SO e em pequenos pontos nos sentidos O, NO e N. A amostra JÁ-5163 (Guapó) foi a única que apresentou valores elevados na quantidade dos elementos com nível de significância de 2ª ordem sendo: Al com 0,4 mg/L e Fe com 0,101 mg/L.

O Ferro (Fe) é o quarto elemento químico mais abundante na crosta terrestre. É muito importante para o metabolismo da respiração pulmonar e celular fornecendo energia para o corpo nas mais diversas atividades através da combustão e transporte de oxigênio. A molécula de ferro está presente em diversas proteínas como: hemoglobina, mioglobina, citocromos e outros (Lindh, 2005). Além disso, o ferro atua na produção de enzimas (flavoproteínas e hemoglavosproteínas), na síntese de DNA e na transferência de elétrons (Powell, 2002).

Sua carência pode desenvolver anemia ferropriva, baixa imunidade, deficiência respiratória, predisposição à infecções e, em alguns casos, carcinogênese (Bigazzi, 1996). O Excesso de ferro está relacionado à hemocromatose hereditária, uma doença desenvolvida a partir do consumo excessivo de ferro através da dieta (Powell, 2002).

O Alumínio (Al) é um elemento inerte para o corpo humano. Ao contrário de outros metais, o alumínio não acelera a perda de vitaminas nos alimentos, durante a cozedura. O seu uso em utensílios de cozinha está banalizado e não é prejudicial para a saúde (Motta, 2000).

O excesso de alumino no organismo pode causar danos ao sistema nervoso, participação na doença de Alzheimer, câncer de pulmão, de pele e do trato urinário (UFRJ, 2003). O alto teor de Al encontrado no município de Guapó pode estar associado à composição natural das rochas comuns dessa região.

6.4. Análise Integrada dos Resultados

A análise dos resultados das amostras de água coletadas nas ETA's dos 11 municípios da região metropolitana do Estado de Goiás mostrará a interpretação dos mapas geoquímicos em discussão, estudo e comparação com o nível de potabilidade da água que apresentam concentrações de compostos químicos com valores acima do máximo permitido por Padrões Brasileiros e Internacionais de Qualidade da Água conforme a resolução 357 CONAMA, 2005; 518 do MS, 2004; OMS e EPA. A tabela 8 destaca os municípios onde foram coletadas as amostras com valores anômalos e classificados em nível de significância de primeira, segunda e terceira ordem.

Tabela 8: Valores anômalos de 1ª (sublinhado), 2ª (itálico), e 3ª (negrito) ordens dos elementos e compostos químicos dosados nas amostras, segundo níveis e limites de VMP em (mg/L).

Município	Al	B	Ba	Ca	Fe	Mg	Mn	Pb	Sr	Zn	Na	K	F	Cl	NO2	Br	NO3
Senador Canedo												2,3					
Goiânia																	*1,19*
Abadia							0,041			0,145				*3,97*			
Guapó	0,4				0,101					*0,073*							
Trindade													1,69				*1,05*
Terezópolis		*0,478*	*0,064*	19		10,4											
Goianápolis							*0,036*								0,29	0,36	
Stº Antonio		*0,492*	*0,094*						*0,126*		*6,3*						
Goianira		*0,508*	*0,063*	*13,4*				<u>0,052</u>	0,144		*5,6*						
Ap.de Goiânia																	
Nerópolis												*2,3*					

Discute-se a seguir sobre os resultados encontrados referentes às três associações geoquímicas que tiveram resultados relevantes (Mg - Ca / Ba - B - Ca - Sr / Fe - Al), e também sobre o elemento Pb que teve valor anômalo muito acima do normal. Os elementos (F, Mn, Zn, Br, Cl, Na, K, NO2, NO3) não serão discutidos porque não apresentaram relevância significativa na matriz de correlação e não participam das associações geoquímicas encontradas.

A primeira associação (Mg - Ca) foi refletida através da amostra PR-5137 no município de Terezópolis em nível de significância de 2ª (segunda) ordem e nível de associação muito forte entre os elementos, segundo a matriz de correlação.

Para o Magnésio não foi indicado, em nem uma das instituições estudadas (CONAMA, MS, OMS e EPA) o nível de Toxicidade para a saúde. A sua presença na amostra de Terezópolis é um caso sugestivo de origem natural, pois segundo Willians (1997) é um elemento comum em águas naturais devido a dissolução de rochas carbonáticas, silicatos, minérios e ferromagnesianos, comuns nessa região.

O Magnésio é um elemento essencial para o homem. Participa da composição óssea, metabolismo, transporte celular, integridade da membrana celular, contração muscular, sinapse nervosa. Sua deficiência pode provocar confusão mental, convulsão, ataxia, tremor, distonia, mudanças de personalidade, anorexia, náuseas, vômitos, diarréia, dores abdominais, taquicardia, arritmia, hipertensão arterial. A intoxicação pelo magnésio pode provocar hipocalcemia, sintomas neuromusculares como: arreflexia, fraqueza, paralisia. Também pode causar problemas cardíacos como alterações eletrocardiográficas e risco de parada cardíaca (OMS, 2006; NWQMS, 2004).

Para o Cálcio não foi indicado, em nem uma das instituições estudadas (CONAMA, MS, OMS e EPA) o nível de Toxicidade para a saúde. A sua presença na amostra PR-5137 de Terezópolis é um caso sugestivo de origem natural. Segundo

Lemes (2001), o Ca contribui para a dureza da água e é proveniente de rochas sedimentares, sendo comum o teor médio de 100 mg/L presente no meio hídrico.

O Cálcio é um elemento essencial para o ser humano. Participa da composição óssea, coagulação sanguínea, sinapse nervosa, contração muscular, ativação enzimática, regulação de glândulas, permeabilidade da membrana celular. A falta de cálcio para o organismo pode causar osteoporose, fraturas ósseas, raquitismo, diarréia, perda de peso, parestesia periférica e perioral, cãibras musculares, laringoespasmas, convulsão, tetania e em casos extremos pode levar a óbito (OMS, 2006; NWQMS, 2004).

A segunda associação (Ba - B - Ca - Sr) foi encontrada nas amostras PR-5137 no município de Terezópolis, PR-5153 no município de Santo Antônio de Goiás e PR-5157 no município de Goianira. Segundo a matriz de correlação as concentrações de Ba e B tiveram nível de significância de 3ª (terceira) ordem, nos três municípios citados. As concentrações de Ca tiveram nível de 2ª (segunda) ordem no município de Terezópolis e de 3ª (terceira) ordem no município de Goianira. As concentrações de Sr tiveram nível de 2ª ordem no município de Goianira e de 3ª (terceira) ordem no município de Santo Antônio de Goiás.

O Bário ocorre nas águas naturais em concentrações muito baixas, média de 0,7 mg/L (CONAMA; MS; OMS). Quantidades elevadas podem ser decorrentes de efluentes industriais ou de resíduos de mineração (Lemes, 2001). O Ba foi encontrado em valores elevados nas amostras PR-5153 no município de Santo Antônio de Goiás (0,126 mg/L) e PR-5157 no município de Goianira (0,144 mg/L). As alterações indicam um caso de poluição industrial que pode afetar a saúde dessa população. A ingestão do Ba pode causar o aumento transitório da pressão sanguínea por vasoconstrição, efeitos tóxicos no coração, vasos e nervos (OMS, 2006; NWQMS, 2004).

O Boro não é considerado um elemento tóxico, mas pode ser prejudicial para a saúde. O valor máximo tolerado em dissolução na água é de 0,5 mg/L (CONAMA; OMS). O Boro não é oncogênico, mas em testes laboratoriais com pequenos mamíferos mostrou que o excesso no organismo pode causar lesão nas gônadas masculina (Ferrini et al, 1990). Ao ser acumulado no corpo age sobre o Sistema Nervoso Central podendo causar hipertensão, vômitos, diarréia e até mesmo o coma (Cortecci, 2003).

A presença do B é um caso sugestivo de origem natural, é um elemento comum na composição geológica dessa região. As amostras PR-5137 no município de Terezópolis, PR-5153 no município de Santo Antônio de Goiás e PR-5157 no município de Goianira apresentaram valores de 3^a (terceira) ordem menor que 0,5 mg/L, dentro da média de tolerância (CONAMA, MS, OMS e EPA), indicando não se tratar de um caso alarmante. O Boro é encontrado naturalmente em aqüíferos com esse valor de tolerância. Segundo Lemes (2001) o excesso pode ser provocado por esgotos doméstico, visto que o B entra na composição de sabão, detergente.

O Estrôncio é um elemento-traço que ocorre naturalmente em rochas, solo, poeira, carvão, petróleo, águas superficiais e subterrâneas, ar, plantas e animais. Não ocorre naturalmente em forma livre (Lemes, 2001). A sua presença nas amostras PR-5153 no município de Santo Antônio de Goiás e PR-5157 no município de Goianira é um caso sugestivo de origem natural que foi encontrado em concentrações toleráveis. A EPA indicou 4 mg/L como VMP para o estrôncio.

O Sr é importante na mineralização óssea e dental, coagulação sanguínea, excitabilidade nervosa, contração muscular e secreção hormonal. A sua deficiência está relacionada à osteoporose senil. Não há indícios de toxicidade para saúde (OMS, 2006; NWQMS, 2004).

A terceira associação (Fe - Al) foi encontrada na amostra JA-5163 no município de Guapó onde as amostras tiveram nível de significância de 2ª (segunda) ordem, segundo a matriz de correlação.

O Ferro foi encontrado na amostra JA-5163 no município de Guapó em concentrações de 0,101 mg/l o que está dentro do VMP indicado (0,3 mg/L) pelos padrões (CONAMA, MS, OMS e EPA). Segundo Lemes (2001) o Fe existe em grandes quantidades na natureza, sendo encontrado em solos e minerais principalmente na forma de óxido e sulfeto férrico, carbonato de ferro e outros complexos orgânicos e minerais. Pode ocorrer em maiores concentrações devido à mineração, efluentes industriais, metalúrgicos, ou de processamentos de metais. Segundo Bigazzi (1996) a deficiência provoca anemia ferropriva, baixa imunidade, deficiência respiratória, predisposição à infecções e, carcinogênese.

O Alumínio foi encontrado na amostra JA-5163 no município de Guapó em valor muito elevado (0,4 mg/L) indicando um caso sugestivo de contaminação antrópica, uma vez que segundo os padrões (CONAMA, MS, OMS e EPA) o VMP é de 0,2 mg/L. O Al é abundante nas rochas e minerais dessa região, mas o seu teor elevado nas águas pode ser decorrente do lançamento de efluentes industriais, esgoto doméstico, mineração, produtos agrícola, metalúrgica (Ferrani et al, 1990). O Al não é considerado tóxico, mas foi detectado em neurônios de pacientes com doença de Alzheimer (Martin, 1997).

O elemento Chumbo foi encontrado em nível de significância de 1ª (primeira) ordem, sendo considerado de muita relevância, na amostra PR-5157 no município de Goianira com valor de 0,052 mg/L, uma vez que segundo o padrão (CONAMA, MS, OMS e EPA) o VMP é de 0,01 mg/L. Esta foi a única amostra que apresentou valores elevados de Pb, indicando um caso sugestivo de contaminação antrópica que pode colocar em risco a saúde dessa população.

Em condições naturais apenas traços de Pb são encontrados na água com menos de 0,1 mg/L, conforme os padrões estabelecidos. Concentrações elevadas são decorrentes de efluentes industriais, mineração, metalúrgica, depósitos de lixo com: bateria automotiva, de telefone celular, pilhas, lixo eletrônico (Lemes, 2001).

O Pb é um metal tóxico e apresenta poder cumulativo no organismo levando a uma série de perturbações no Sistema Nervoso central podendo ocasionar em epilepsia, convulsões e paralisia; redução na capacidade intelectual em crianças; deficiência no sistema imunológico; anemia; intoxicações crônica e o saturnismo (OMS, 2006; NWQMS, 2004).

A amostra PR-5157 no município de Goianira apresentou a maior concentração de elementos químicos com alteração excessiva levantando discussão para os elementos: B, Ba, Ca, Sr, Na e Pb. Alerta-se a importância para planejamento de ações de intervenção sanitária, ambiental, educacional, fiscalização e ação de políticas públicas no município de Goianira-GO onde apresentou o maior índice de alteração ambiental e risco para saúde pública.

Os poços de captação de água subterrânea deveriam estar em áreas com mata nativa, protegidas e preservadas pela ação da prefeitura, para que possam garantir a qualidade da água dos mananciais. A intervenção e a presença do homem com ações urbanas ou até mesmo rurais podem contaminar o lençol freático, como no exemplo mostrado na figura 13, onde se presencia pastagem e bovinocultura próximas a dois poços da SANEAGO. Observamos também uma área que está sendo loteada com autorização da prefeitura incentivando a ocupação comercial e instalação de indústrias em uma área onde esta instalado mais três dos principais poços que abastecem o município de Goianira-GO (Figuras 14, 15 e 16).

Figura 13: Dois poços de bombeamento de água subterrânea em área de pastagem e bovinocultura.

Figura 14: Um dos onze poços que abastecem a caixa de reunião localizado exatamente na área loteada já com energia elétrica para ocupação de indústrias. Alguns moradores já ocuparam a área e instalaram oficinas automotivas que trabalham com baterias automotivas (material que utiliza o chumbo em sua composição).

Figura 15: Loteamento e obras da prefeitura que ameaçam área de preservação onde se encontram três dos principais poços que abastecem a cidade de Goianira-GO.

Figura 16: Placa de anuncio da empresa responsável pela comercialização dos lotes próximo aos poços da SANEAGO. Incentivo para construção de comércio e indústrias.

O desenvolvimento sustentável exige um equilíbrio entre a conservação e a sanidade ambiental e a utilização racional dos recursos naturais. O papel das ciências da terra numa sociedade que busca o desenvolvimento sustentável deve contemplar o monitoramento contínuo dos processos da Terra como um sistema, a busca do gerenciamento e fornecimento de recursos minerais, energéticos e hídricos aliados à conservação e ao gerenciamento do solo (Cordani, 1997).

Quando a administração pública de um município não se preocupa com as questões ambientais, coloca em risco a saúde da população. Em Goianira-GO foi encontrado uma quantidade muito elevada de Chumbo que é um elemento prejudicial à saúde. O excesso desse elemento presente na água que abastece o município pode estar sendo causado pela ação antrópica devido a ocupação desordenada no loteamento Parque dos Girassóis. Foi registrado a instalação de oficinas mecânicas que trabalham com o elemento chumbo, presente em baterias automotiva (Figura 17 e 18). Também foi encontrado lixo eletrônico lançado ao solo (Figura 19), ferro-velho com pequenos depósitos de sucata e lixo reciclável em acomodações irregulares (Figura 20), além de outras ações como desmatamento e utilização de madeira nativa (Figura 21), queimada (Figura 22), em fim, uma série de eventos que revelaram a falta de controle para legalização do loteamento no Parque dos Girassóis que é uma área que deveria ser preservada pela prefeitura do município e também a falta de educação ambiental que está resultando em alteração do meio ambiente e contaminando da água.

Figura 17: Placa indicadora da oficina mecânica que trabalha com bateria automotiva (produto que contém o elemento Pb), localizada próximo ao poço de captação de água.

Figura 18: Oficina e moradores que ocupam o loteamento próximo ao poço de captação de água.

Figura 19: Lixo eletrônico (material que utiliza o chumbo em sua composição) jogado livremente no solo próximo ao poço de captação de água da SANEAGO.

Figura 20: Ferro velho próximo à caixa de reunião. Funcionamento irregular com depósito de metais descoberto exposto ao intemperismo, oxidação e consequente contaminação do lençol freático.

Figura 21: Desmatamento e utilização de madeira nativa, exemplo de práticas que evidenciam a falta de educação ambiental e que contribuem com a destruição dos mananciais.

Figura 22: Queimada, exemplo de ações antrópicas que contribuem para degradação do meio ambiente e preservação dos recursos hídricos.

7. CONCLUSÕES

Este trabalho levantou dados hidrogeoquímicos em amostras de água tratada de 11 municípios da região metropolitana de Goiânia-GO correlacionando a sua composição química com possíveis problemas de saúde e alterações ambientais mostrando eficiência na metodologia para coleta de amostras, obtenção, tratamento dos dados, na representação espacial dos elementos químicos através de mapas geográficos e na relação destes com o ambiente natural. Com base nos resultados encontrados foi possível concluir que:

1. dentre os municípios estudados na região metropolitana de Goiânia, em Goianira foi encontrado o maior número de elementos químicos em concentrações elevadas, acima do VMP indicado pelas instituições em estudo. As alterações de B, Ba, Ca, Sr, Na e Pb tem fortes indicações para se concluir que são de origem antrópica.

2. A elevada concentração de Pb (chumbo) no município de Goianira é o resultado mais alarmante, com nível de significância de primeira ordem e, por estar presente apenas em um município, não sendo representado na matriz de correlação com outros elementos, o que poderia indicar a alteração como sendo de origem natural, mostrou tratar-se de uma alteração de origem antrópica.

3. A responsabilidade ambiental do poder público em Goianira é bastante negligenciada. Nesta área foi comum a observarção de práticas de desmatamento, queimadas, lixo jogado nas ruas, ferros-velho e oficina mecânica clandestina sem preocupação com os impactos ambientais, ocupação e uso do solo em área que deveria ser preservada.

4. Em Goianira o loteamento Parque dos Girassóis está sendo implantado em uma área imprópria que deveria ser preservada, onde se encontra três dos principais poços que abastecem a cidade. O planejamento político da prefeitura não considerou as condições do uso e ocupação do solo em relação aos impactos ambientais com conseqüentes problemas para a saúde da população.

5. As cidades que utilizam água de poço subterrâneo para o abastecimento da população, como é o caso de Goianira, devem se preocupar mais com a preservação do lençol freático que está submetido á qualidade do solo e subsolo.

6. É mais viável e econômico para o poder público preservar o meio ambiente para garantir a potabilidade da água que resultaria em menos gastos com a saúde pública e garante maior qualidade de vida para a população.

7. A saúde e a qualidade de vida do homem dependem da preservação de um ambiente em equilíbrio. Fazer com que uma cidade tenha um desenvolvimento sustentável sem se preocupar com as questões ambientais é um retrocesso que pode resultar em problemas cada vez mais graves.

8. A desocupação do loteamento Parque dos Girassóis ao redor dos poços que abastecem Goianira com a conseqüente recuperação da mata nativa e intervenções com educação ambiental no município trará maior qualidade de vida e saúde para população e uma melhora na política de desenvolvimento sustentável.

8. REFERÊNCIAS BIBLIOGRÁFICAS

AGENDA 21. *Proteção d qualidade e do abastecimento de recursos hídricos: aplicações de critérios integrados no desenvolvimento, manejo e uso dos recursos hídricos.* Conferência das Nações Unidas para o Meio Ambiente e Desenvolvimento. Cap 1, p. 14-41. 1992.

ATDSR. *Toxicological profile: strontium.* Acesso em 22/03/2010. Disponível em http//www.atsdr.cdc.gov/tfacts159.html. 2004.

BAYER, M. *Análise Geomorfológica da Bacia do Meia Ponte.* Artigos, Revista Brasileira de Geomorfologia. União da Geomorfologia Brasileira, 2009.

BIGAZZI, P. E. *Autoimmunity induced by metals.* In: Toxicology of Metals. MA USA, CRC Press, 1996. p. 835 – 852.

BRANCO, S. M. *Água: origem, uso e preservação.* Ed. Moderna, São Paulo-SP.71 p. 2000.

CAMARA, V. M. *Produção e Ambiente: aspectos conceituais e metodológicos para a saúde coletiva.* In: V Congresso Brasileiro de Saúde Coletiva; Águas de Lindóia. MG, 1997.

CAMPOS, J. E. G. *Caracterização do Meio Físico, dos Recursos Minerais e Hídricos do Município de Aparecida de Goiânia.* Goiânia: Superintendência de Geologia e Mineração, 2009. 103 p. il.

CENEPI/FUNASA - Centro Nacional de Epidemiologia. *Investigação de surto de reações adversas ao sulfato de bário.* Notícias. FUNASA, Ministério da Saúde: Brasília, 18.06.03. In: URL: http://www.funasa.gov.br/not/not436.htm acesso em 28.02.10.

CONAMA. *Resoluções do Conama*. Conselho Nacional do Meio Ambiente. Brasília, 2005. 808 p.

CORDANI, U.G. *A formação do geólogo brasileiro numa sociedade em transformação – a proposta da Universidade de São Paulo*. A Terra em revista, Belo Horizonte. V. 3, n. 3, 1997.

CORTECCI, G. *Geologia e Saúde*. Tradução Wilson Scarpelli. Ed. Lisboa. São Paulo, 2003.

COSTA, H. S. *A Geoquímica multielementar nagestão ambienta:l identificação e caracterização de regiões de risco para a saúde nos municípios do sudoeste do Estado de Goiás*. Programa de pós-graduação (mestrado) em Ciências Ambientais e Saúde. Universidade Católica de Goiás. Goiânia-GO. 67 p. 2009

CPRM Serviço Geológico do Brasil. *Métodos Laboratoriais de Análises Físico-Qímica*. CPRM/DNPM, Goiânia-GO. 15 p. 2003.

CPRM/SIC - Geologia do Estado de Goiás e Distrito Federal. Org. por Maria Luiza Osório Moreira, Luiz Carlos Moreton, Vanderlei Antônio de Araújo, Joffre Valmório de Lacerda Filho e Heitor Faria da Costa. Escala 1:500.000. Goiânia: CPRM/SIC - FUNMINERAL, 2008. 143 p. il.; + mapa.

EPA. Drinking water contaminants. Acesso em 11/11/2009. Disponível em: http://www.epa.gov/safewater/contaminants/indes.html#1.

FERRINI, M. T., BORGES, V. C. & WAITZBERG, D. L. Minerais: oligoelementos e elementos traço. In: WAITZBERG, D. L. (Org*). Nutrição enteral e parenteral na prática clínica. Livraria Atheneu,* Rio de Janeiro. PP. 52-74. 442p. 1990.

FLEURY, J. M. *Curso de Geologia Básica*. Ed. da UFG, Goiânia-GO. 261 p. 1995.

GE, Y. et AL. Trance metal speciation and bioavaliability in urban soils. Environmental Pollution, n. 107, p. 137-144, 2000.

GELLEIN, K. High resolution indictively coupled plasma mass spectrometry: Some applications in biomedicine. Tese de Doutorado, Faculty of Natural Sciences and Tecnology, Norwegian University of Science and Tecnology. 2008.

GOIÂNIA – Prefeitura de Goiânia. acesso em 22/03/2010. Disponível em: http://www.goiania.go.gov.br. 2009.

GUERINO, Mário Cezar. *A quem interessa o reservatório João leite?* Jornal Diário da Manhã, página 03, 21/01/2009.

GUILHERME, L. R. G., MARQUES, J. J., PIERANGELE, M. A. P., ZULIANI, D. Q., CAMPOS, M. L. & MARCHI, G. Elementos-Traço em solos e Sistemas aquáticos. Tópicos em Ciências do Solo. 4: 345-390. 2005.

HOROVITZ, C. T. *Is the major parto f the periodic system really inessential for life?* J. Trace Elem. Electrolytes Health Dis, v, 2, p. 135-144, 1988.

KOMATINA, M. M. *Medical Geology: Effects of geological evironments on human health.* Amsterdam: Elsevier. 488p. ISBN: 0-444-51615-8. 2004.

LACERDA FILHO, J. V. *Programa Levantamentos Geológicos Básicos. Geologia e Recursos Minerais do Estado de Goiás e Distrito Federal* Conv. CPRM/METAGO/UnB. 200 p. il.; + mapas, 1999.

LÂG, J. *General survey of geomedicina.* In: LÂG, j. Geomedcine. Boca Raton: CRC Press. p. 1-23. 1990.

LEMES, M. J. L. *Avaliação de metais e elementos-traço em águas e sedimentos das bacias hidrográficas dos rios Mogiguaçú e Pardo, São Paulo.* Dissertação de Mestrado, Instituto de Pesquisas Energéticas e Nucleares, Universidade de São Paulo. 2001.

LICHT, O.A.B. *Geoquímica Multielementar na Gestão Ambiental. Identificação e caracterização de províncias geoquímicas naturais, alterações antrópicas da paisagem, áreas favoráveis à prospecção mineral e regiões de risco para a saúde no Estado do Paraná, Brasil.* Curitiba: UFP, 2001, tese de Doutorado, Universidade Federal do Paraná. 236p. 2001.

LINDH, U. *Medical Geology: impacts of the natural evironment on public health.* Amsterdam: Elsevier. p. 115-156. 2005.

MACHADO, José. *Políticas Públicas – A lei das águas.* Jornal O Popular, caderno especial. Dia mundial da água. 22/03/2009.

MAIA, Y. L. M. Análise multielementar em água e sedimentos de corrente da bacia hidrográfica do rio Meia Ponte na região metropolitana de Goiânia e sua relação com a saúde. Programa de pós-graduação (mestrado) em Ciências Ambientais e Saúde. Universidade Católica de Goiás. Goiânia-GO. 108 p. 2004.

MARTIN, C. N. aluminium concentrations in drinking water and risk of alzheimer's desease. Epidemiology, v. 8, n. 3, p. 281-286, 1997.

MORETON, L. C. *Programa de Levantamento Geológico Básico do Brasil –* OLG, folha SE.22-X-B-IV-Goiânia. Escala 1:1000.000. Goiânia; CPRM/DNPM, 1994.

MOTTA, V. T. *Bioquímica Clínica: Princípios e Interpretações.* Editora Médica Missau, Porto Alegre. 358p.2000.

MS. Portaria n. 518/2004. Acesso em 13/11/2009. Disponível em http://e-legis.anvisa.go.gov.br/legisref/public/show. 2004.

NWQMS. Australian Drinking Water Guidelines. Acesso em 18/11/2009. disponível em: http://www.nhmrc.gov.au/publications/synopses/_files/adwg_11_06.pdf

OMS. Guidelines for Drinking-water quality. Acesso em 15/11/2009. Disponível em: http://www.who.int/water_sanition_health/dwq/chemicals

OPAS. Água e Saúde. Acessado em 15/11/2009. Disponível em: http://www.bra.ops-oms.org/ambiente/UploadArq/agua.pdf. 2001.

PÁDUA, H. B. *Química Bioinorgânica*. Acesso em 13/11/2009. Disponível em: HTTP://www.ruralnet.com.br/upload/artigos/quimica%2520BIOINORGANICA%2520P ARTE%2520XVIII%2520S%25C3%2589RIE%2520%253%2581GUA

PAULA, F. J. A. & FOSS, M. C. *Tratamento da hipercalcemia e hipocalcemia.* Medicina, Ribeirão Preto. 36:370-374. 2003.

PEREIRA, P. A. & LIMA, O. A. L. *Estrutura Elétrica da Contaminação Hídrica Provocada por Fluidos Provenientes dos Depósitos de Lixo Urbano e de um Curtume no Município de Alagoinhas, Bahia.* Revista Brasileira de Geofísica. 25(1): 5-19. 2007.

PINHEIRO, M. C. N., NAKANISHI, J., OIKAWA, T., GUIMARÃES, G., QUARESMA, M., CARDOSO, B., AMORAS, W. W., HARADA, M., MAGNO, C., VIEIRA, J. L. F., XAVIER, M. B. & BACELAR, D. R. Exposição Humana ao Metilmercúrio em Comunidades Ribeirinhas da Região do Tapajós, Pará, Brasil. Revista da Sociedade Brasileira de Medicina Tropical. 33(3): 265-269. 2000.

POWELL, L. W. *Diagnosis of hemochromatosis. Semin. Gastrointest.* Dis. 13 (2): 80-8. 2002.

RAMALHO, J. F. G. P., SOBRINHO, N. M. B. A. & VELLOSO, A. C. X. *Contaminação da microbacia de Caetés com Metais Pesados Pelo Uso de Agroquímicos.* Pesquisa agropecuária Brasileira. 35(7): 1289-1303. 2000.

SANEAGO – Saneamento de Goiás S/A 2009. Disponível em: http://www.saneago.go.gov.br . Acessado em: 13 de novembro de 2009.

SANTANA, E. Q. Determinação de macroelementos, oligoelementos e contaminantes metálicos em própolis por espectrofotometria de absorção atômica em chama e em forno d egrafite. Tese de Doutorado, Faculdade de Ciências farmacêuticas, Universidade Estadual Paulista "Julio de Mesquita Filho". 2003.

SELENIUS, O., ALLOWAY, B., CENTENO, J. A., FINKELMAN, R. B., FUGE, R., LINDH, U. & SMIDLEY, P. *Essentials of Medical Geology: Impacts of the Natural Evironment on Public Health.* Academic Press, New York.832p. 2005.

SEPIN – Superintendência de Pesquisa e Informação. Acesso em 22/03/2010. Disponível em: http://www.seplan.go.gov.br/sepin/. 2009.

SEPLAN – Secretaria do Planejamento e Desenvolvimento de Goiás. Acesso em 22/03/2010. Disponível em: http://www.seplan.go.gov.br. 2009.

SILVA, C. R., FIGUEIREDO, B. R. & CAPITANI, E. M. *Geologia Médica no Brasil.* In: C. R. SILVA, B. R. FIGUEREDO, E. M. CAPITANI & F. G. CUNHA (org.). *Geologia Médica no Brasil: efeitos dos materiais e fatores geológicos na saúde humana, animal e meio ambiente.* CPRM, Rio d eJaneiro. 220 p. 2006.

SOUZA, J. L. *Anomalias aerogamaespectrométricas (K, U e Th) na quadrícula de araras (SP) e suas relações com processos pedogenéticos e fertilizantes fosfatados.* Curitiba: UFPR. Dissertação (Mestrado em Geologia Exploratória) – Curso de Pós-Graduação em Geologia, Universidade Federal do Paraná. 1998.

STIGSON, B. *Sustainable business: performing against the triple bottom line.* Newsleter of the International Council on Metals and the Evironment. London, v. 6, n. 3, p. 1-2, 1998.

THIEL, R. *O romance da Terra.* Edições Melhoramentos, São Paulo-SP. 1964. 172p.

UFRJ - Universidade Federal do Rio de Janeiro. *Bário: história, ocorrência, aplicações, ação biológica e propriedades.* In: URL: http://www.if.ufrj.br/teaching/elem/e05610.html acessado em 28.02.10.

VINOGRADOV, A. P. *The geochemistry of rare and dispersed chemical elements in soils.* 2 ed. New York: Consult. Bureau, 1959.

WARREN, H. V.; DELAVAULT, R. E. *Pathfinding elements in geochemical prospectin.* In: CONGRESSO GEOLOGICO INTERNACIONAL (20 : 1958 : Ciudad de Mexico). SIMPOSIO DE EXPLORACION GEOQUIMICA (1958 : Ciudade de Mexico). Anais ... Ciudade de Mexico, 1958. v. 1, p. 255-260.

WEBB, J. S. *Evironmental problems and the exploration geochemist.* In : ELLIOT, I. L.; FLETCHER, W. K. (ed) Geochemical Exploration 1974. Amsterdam: Elsevier, 1975. p. 5-17 (Developments in Economic Geology, 1).

WILLIAMS, S. R. Fundamentos de nutrição e dietoterapia. Artes Médicas, Porto Alegre, 1997. 664p.

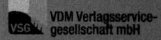

Printed by Books on Demand GmbH, Norderstedt / Germany